쓰고 그리고 읽으면서 머리가 좋아지는

4-6세
만 3-5세

톡톡 창의력 한글 쓰기 기초 낱말

창의수학연구소 지음

HB 한빛에듀

창의수학연구소는

창의수학연구소를 이끌고 있는 장동수 소장은 국내 최초의 창의력 교재인 [창의력 해법수학]과

영재교육의 새 지평을 연 천재교육 [로드맵 영재수학] 등 250여 권이 넘는 수학 교재를 집필했습니다.

창의수학연구소는 오늘도 우리 아이들이 어떻게 공부에 재미를 붙이고 창의력을 키워나갈 수 있게 할 것인지를 고민하며,

좋은 책과 더 나은 학습 환경을 만들기 위해 노력합니다.

쓰고 그리고 읽으면서 머리가 좋아지는

톡톡 창의력 한글 쓰기 : 기초 낱말 4-6세(만3-5세)

초판 1쇄 발행 2016년 8월 31일

초판 3쇄 발행 2021년 1월 20일

지은이 창의수학연구소 **펴낸이** 김태헌

총괄 임규근 **책임편집 및 기획** 전정아 **진행** 오주현

디자인 천승훈

영업 문윤식, 조유미 **마케팅** 박상용, 손희정, 박수미 **제작** 박성우, 김정우

펴낸곳 한빛에듀 **주소** 서울시 서대문구 연희로2길 62 한빛미디어(주) 실용출판부

전화 02-336-7129 **팩스** 02-325-6300

등록 2015년 11월 24일 제2015-000351호 **ISBN** 978-89-6848-453-7 64410

이 책에 대한 의견이나 오탈자 및 잘못된 내용에 대한 수정 정보는 한빛에듀의 홈페이지나 아래 이메일로

알려주십시오. 잘못된 책은 구입하신 서점에서 교환해 드립니다. 책값은 뒤표지에 표시되어 있습니다.

한빛에듀 홈페이지 edu.hanbit.co.kr **이메일** edu@hanbit.co.kr

Published by HANBIT Media, Inc. Printed in Korea

Copyright © 2016 장동수 & HANBIT Media, Inc.

이 책의 저작권은 장동수와 한빛미디어(주)에 있습니다.

저작권법에 의해 보호를 받는 저작물이므로 무단 복제 및 무단 전재를 금합니다.

지금 하지 않으면 할 수 없는 일이 있습니다.

책으로 펴내고 싶은 아이디어나 원고를 메일(writer@hanbit.co.kr)로 보내주세요.

한빛미디어(주)는 여러분의 소중한 경험과 지식을 기다리고 있습니다.

부모님, 이렇게 도와 주세요!

❶ 우리 아이, 창의력 활동이 처음이라면!

아이가 창의력 활동이 처음이더라도 우리 아이가 잘 할 수 있을까 하고 걱정할 필요는 없습니다. 중요한 것은 어느 나이에 시작하느냐가 아니라 아이가 재미있게 창의력 활동을 시작하는 것입니다. 따라서 아이가 흥미를 보인다면 어느 나이에 시작하든 상관없습니다.

❷ 큰소리로 읽고, 쓰고 그릴 수 있도록 해주세요

큰소리로 읽다 보면 자신감이 생깁니다. 자신감이 생기면 쓰고 그리는 활동도 더욱 즐겁고 재미있습니다. 각각의 페이지에는 우리 아이에게 친근한 사물 그림과 이름도 함께 있습니다. 그냥 눈으로만 보고 넘어가지 말고 아이랑 함께 크게 읽어보세요. 처음에는 부모님이 먼저 읽은 후 아이가 따라 읽게 합니다. 나중에는 아이가 먼저 읽게 한 후 부모님도 동의하듯 따라 읽어주세요. 그러면 아이의 성취감은 더욱 높아지고 한글 쓰기 활동이 놀이처럼 재미있어집니다.

❸ 아이와 함께 이야기를 하며 풀어주세요

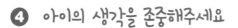

이 책에는 여러 사물이 등장합니다. 아이가 각 글자를 익히면서 연관된 사물을 보고 이야기를 만들 수 있도록 해주세요. 함께 보고 만져보았거나 체험했던 사실을 바탕으로 얘기를 하면서 아이가 자연스럽게 사물과 낱말을 연결시켜 익힐 수 있습니다. 때에 따라서는 직접 해당 사물을 옆에 두고 함께 이야기를 하며 글자와 낱말을 생생하게 익힐 수 있도록 해주세요.

❹ 아이의 생각을 존중해주세요

아이가 한글 쓰기를 하면서 가끔은 전혀 예상하지 못했던 생각을 펼치거나 질문을 할 수도 있습니다. 그럴 때는 아이가 왜 그렇게 생각하는지 그 이유를 차근차근 물어보면서 아이의 생각이 맞다고 인정해주세요. 부모님이 아이를 믿고 기다려주는 만큼 아이의 생각과 창의력은 성큼 자랍니다.

이 책과 함께 보면 좋은
톡톡 창의력 시리즈

유아 기초 교재

창의력 활동이 처음인 아이라면 선 긋기, 그림 찾기, 색칠하기, 미로 찾기, 숫자 쓰기, 종이 접기, 한글 쓰기, 알파벳 쓰기 등의 톡톡 창의력 시작하기 교재로 시작하세요. 아이가 좋아하는 그림과 함께 칠하고 쓰고 그리면서 자연스럽게 필기구를 다루는 방법을 익히고 협응력과 집중력을 기를 수 있습니다.

유아 창의력 수학 교재

아이가 흥미를 느끼고 재미있게 창의력 활동을 시작할 수 있도록 아이들이 좋아하는 그림으로 문제를 구성했습니다. 또한 아이들이 생활 주변에서 흔히 접할 수 있는 친근하고 재미있는 문제를 연령별 수준과 난이도에 맞게 구성했습니다. 생활 주변 문제를 반복적으로 풀어봄으로써 상상력과 창의적 사고를 키우는 습관을 자연스럽게 기를 수 있습니다.

5세
___
1권

6세
___
1~5권

7세
___
1~6권

예비
초등
6~7세

그림으로 배우는 유아 창의력 수학 교재

글이 아닌 그림으로 문제를 구성하여 아이가 자유롭게 상상하며 스스로 질문을 찾아 문제 해결력을 높일 수 있도록 했습니다. 가끔 힌트를 주거나 간단한 가이드 정도는 주되, 아이가 문제를 바로 이해하지 못하더라도 부모님이 직접 가르쳐주지 마세요. 옆에서 응원하고 기다리다 보면 아이 스스로 생각하며 해결하는 능력을 깨우치게 됩니다.

이 책의 **차례**

낱말카드로
매일매일 즐겁게
익히세요!

이 책에 있는 모든 단어는 낱말카드로 제공하고 있으니
한빛에듀 홈페이지에서 다운로드한 후 프린트해서 매일매일 즐겁게 활용하세요.

1 한빛에듀 홈페이지(**http://www.hanbit. co.kr/edu/**)에 접속합니다. 화면 위쪽에 서 [샘플북 다운로드]를 클릭합니다.

2 샘플북 다운로드 페이지에서 〈톡톡 창의력 한글쓰기 : 기초 낱말〉의 [낱말카드 다운로 드] 버튼을 클릭합니다.

3 낱말카드는 PDF 파일로 제공되므로 프린 트하여 가위로 오려 사용하세요.

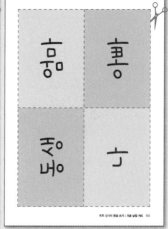

▲ 낱말카드 앞면　　　　▲ 낱말카드 뒷면

우리 가족을 소개할게요

우리 가족은 엄마, 아빠, 나, 동생 이렇게 네 명이에요.
소리 내어 읽으면서 글자를 따라 써 보세요.

누구일까요?

그림을 보고 누구인지 말해 보세요.
그리고 빈칸의 흐린 글자를 따라 써 보세요.

엄 마

아 빠

동 생

나

알맞은 글자를 연결하세요

우리 가족 그림이에요.
알맞은 글자를 찾아 선으로 이어 보세요.

가족

아빠

엄마

동생

① 가   빠

② 동   생

아   족

엄   마

낱말을 써 넣어 이야기를 완성하세요

다음 그림은 어떤 장면일까요?
'엄마, 아빠'를 넣어 문장을 완성하세요.

□□와
책을 읽어요.

□□가 목마를
태워 주셨어요.

무엇을 입었나요?

친구들이 만나서 인사를 해요.
소리 내어 읽으면서 글자를 따라 써 보세요.

셔츠

바지

치마

양말

무엇일까요?

그림을 보고 무엇인지 말해 보세요.
그리고 빈칸의 흐린 글자를 따라 써 보세요.

셔 츠

바 지

지 마

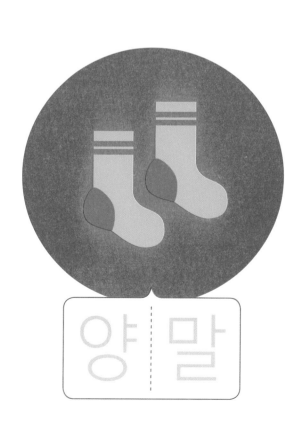

양 말

서로 같은 것을 찾아 연결하세요

흐린 글자를 따라 써 보세요.
그리고 이름이 같은 것끼리 선으로 이어 보세요.

셔츠

바지

양말

치마

낱말을 써 넣어 이야기를 완성하세요

다음 그림은 어떤 장면일까요?
'치마, 바지'를 넣어 문장을 완성하세요.

선생님은 빨간색
□□를
입었어요.

동생의 얼굴과
□□에
흙이 묻었어요.

엄마가 되고 싶어요

엄마 놀이

엄마의 모자, 구두, 가방을 들고 거울을 봐요.
소리 내어 읽으면서 글자를 따라 써 보세요.

무엇일까요?

그림을 보고 무엇인지 말해 보세요.
그리고 빈칸의 흐린 글자를 따라 써 보세요.

모 자

거 울

가 방

구 두

 엄마
놀이

서로 같은 것을 찾아 연결하세요

흐린 글자를 따라 써 보세요.
그리고 무엇인지 글자를 찾아 선으로 이어 보세요.

 •

• 거울

 •

• 모자

 •

• 가방

 •

• 구두

어미 닭이 □□를 신고
유모차를 밀어요.

엄마 모자를 쓰고
□□을
보고 있어요.

친구들과 신나게 놀아요

친구들과 놀이터에서 재미있게 놀아요.
소리 내어 읽으면서 글자를 따라 써 보세요.

그네

미끄럼틀

시소

자전거

무엇일까요?

그림을 보고 무엇인지 말해 보세요.
그리고 빈칸의 흐린 글자를 따라 써 보세요.

그 네

자 전 거

시 소

미 끄 럼 틀

놀이터 서로 같은 것을 연결하세요

흐린 글자를 따라 써 보세요.
그리고 무엇인지 글자를 찾아 선으로 이어 보세요.

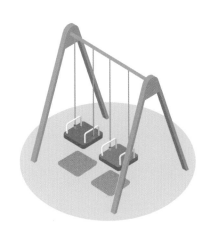

시소

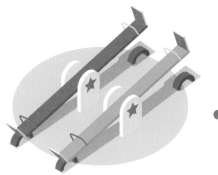

그네

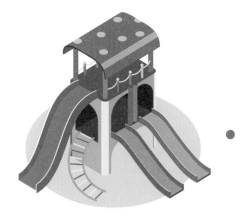

자전거

미끄럼틀

낱말을 써 넣어 이야기를 완성하세요

다음 그림은 어떤 장면일까요?
'그네, 자전거'를 넣어 문장을 완성하세요.

친구들이 □□를 타요.

곰돌이가 □□□를 타요.

내가 좋아하는 탈 것 장난감들이에요

탈 것

장난감을 갖고 재미있게 놀아요.
소리 내어 읽으면서 글자를 따라 써 보세요.

기차

자동차

배

비행기

24

탈 것 무엇일까요?

그림을 보고 무엇인지 말해 보세요.
그리고 빈칸의 흐린 글자를 따라 써 보세요.

비 행 기

기 차

자 동 차

배

서로 같은 것을 연결하세요

그림자를 보고 무엇인지 찾아 선으로 이어 보세요.
그리고 흐린 글자를 따라 쓰고, 읽어 보세요.

자동차

비행기

기차

배

낱말을 써 넣어 이야기를 완성하세요

다음 그림은 어떤 장면일까요?
'비행기, 자동차'를 넣어 문장을 완성하세요.

□ □ □ 를 타고 여행 가요.

□ □ □ 가

목욕을 해요.

숲 속에 사는 동물들이에요

숲 속 동물들이 연주해요.
소리 내어 읽으면서 글자를 따라 써 보세요.

여우

토끼

사슴

곰

숲 속 동물

무엇일까요?

그림을 보고 어떤 동물인지 말해 보세요.
그리고 빈칸의 흐린 글자를 따라 써 보세요.

여 우

토 끼

사 슴

곰

관계있는 것을 찾아 연결하세요

흐린 글자를 따라 써 보세요.
그리고 관계있는 것을 찾아 선으로 이어 보세요.

여우   토끼   곰   사슴

낱말을 써 넣어 이야기를 완성하세요

다음 그림은 어떤 장면일까요?
'곰, 사슴, 토끼, 여우'를 넣어 문장을 완성하세요.

□과 □□이
사이좋게 지내요.

□□와
□□가
이야기를 해요.

초원
동물

초원에 사는 동물들이에요

초원의 동물들이 즐거운 시간을 보내요.
소리 내어 읽으면서 글자를 따라 써 보세요.

코끼리 얼룩말

코뿔소 사자

무엇일까요?

그림을 보고 어떤 동물인지 말해 보세요.
그리고 빈칸의 흐린 글자를 따라 써 보세요.

코 끼 리

사 자

코 뿔 소

얼 룩 말

서로 같은 것을 찾아 연결하세요

흐린 글자를 따라 써 보세요.
그리고 관계 있는 것을 찾아 선으로 이어 보세요.

사자

코뿔소

얼룩말

코끼리

낱말을 써 넣어 이야기를 완성하세요

다음 그림은 어떤 장면일까요?
'코끼리, 얼룩말'을 넣어 문장을 완성하세요.

의 생일이에요.

이

춤을 춰요.

새콤달콤 맛있는 과일이에요

먹고 싶은 맛있는 과일이에요.
소리 내어 읽으면서 글자를 따라 써 보세요.

포도

사과

수박

딸기

무엇일까요?

그림을 보고 어떤 과일인지 말해 보세요.
그리고 빈칸의 흐린 글자를 따라 써 보세요.

딸 기

포 도

수 박

사 과

관계있는 것을 찾아 연결하세요

흐린 글자를 따라 써 보세요.
그리고 관계있는 것을 찾아 선으로 이어 보세요.

 딸기

 포도

 수박

 사과

낱말을 써 넣어 이야기를 완성하세요

다음 그림은 어떤 장면일까요?
'수박, 사과'를 넣어 문장을 완성하세요.

친구들이 ☐☐을
맛있게 먹어요.

나무에 올라
☐☐를
따고 있어요.

채소가 좋아요

몸에 좋은 채소들이에요.
소리 내어 읽으면서 글자를 따라 써 보세요.

무엇일까요?

그림을 보고 어떤 채소인지 말해 보세요.
그리고 빈칸의 흐린 글자를 따라 써 보세요.

양파

무

당근

감자

서로 같은 것을 찾아 연결하세요

채소

흐린 글자를 따라 써 보세요.
그리고 관계있는 것을 찾아 선으로 이어 보세요.

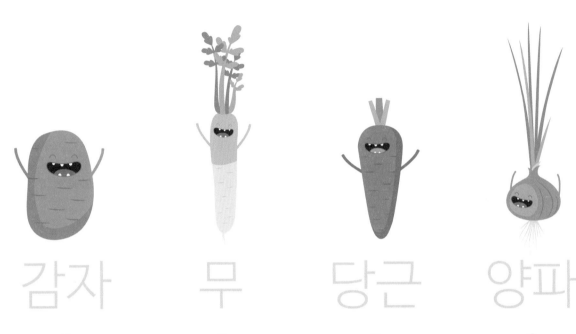

감자　　무　　당근　　양파

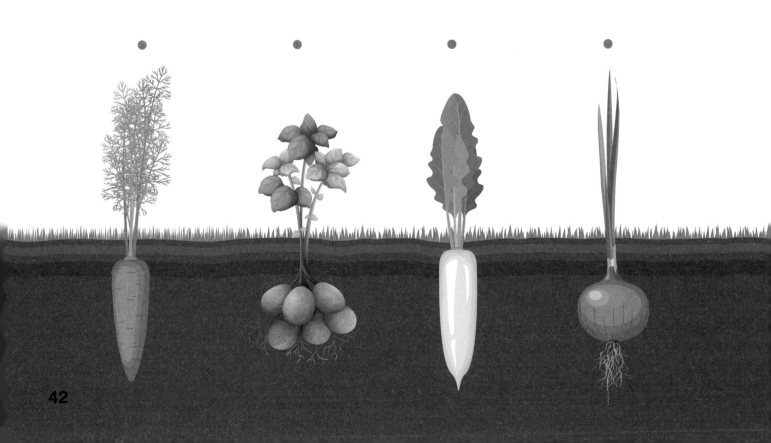

낱말을 써 넣어 이야기를 완성하세요

다음 그림은 어떤 장면일까요?
'당근, 감자'를 넣어 문장을 완성하세요.

토끼가 친구에게
 을 주네요.

개미 두 마리가
를 들고 있어요.

예쁘고 귀여운 아기 동물들이에요

귀여운 가축 새끼들이에요.
소리 내어 읽으면서 글자를 따라 써 보세요.

병아리

양

오리

강아지

무엇일까요?

그림을 보고 어떤 동물인지 말해 보세요.
그리고 빈칸의 흐린 글자를 따라 써 보세요.

양

병아리

오리

강아지

관계있는 것을 찾아 연결하세요

흐린 글자를 따라 써 보세요.
그리고 관계있는 것을 찾아 선으로 이어 보세요.

강아지　　오리　　　양　　병아리

낱말을 써 넣어 이야기를 완성하세요

다음 그림은 어떤 장면일까요?
'오리, 강아지'를 넣어 문장을 완성하세요.

☐☐ 들이 물놀이를 해요.

☐☐☐ 들이

엄마와 놀아요.

공부를 해요

자, 연필, 책, 지우개를 들고 유치원에 가요.
소리 내어 읽으면서 글자를 따라 써 보세요.

자

연필

책

지우개

학용품

무엇일까요?

그림을 보고 학용품 이름을 말해 보세요.
그리고 빈칸의 흐린 글자를 따라 써 보세요.

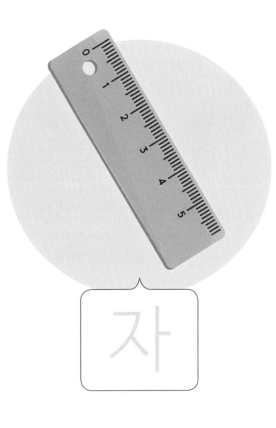

자

책

연필

지우개

서로 같은 것을 찾아 연결하세요

흐린 글자를 따라 써 보세요.
그리고 관계있는 것을 찾아 선으로 이어 보세요.

지우개　　　책　　　연필　　　자

50

낱말을 써 넣어 이야기를 완성하세요

다음 그림은 어떤 장면일까요?
'책, 연필'을 넣어 문장을 완성하세요.

선생님이 ☐을 읽어 주시네요.

☐☐이 유치원에 가요.

부엌에 있는 물건들이에요

음식을 하거나 담을 때 사용해요.
소리 내어 읽으면서 글자를 따라 써 보세요.

컵

접시

주전자

냄비

무엇일까요?

그림을 보고 어떤 물건인지 말해 보세요.
그리고 빈칸의 흐린 글자를 따라 써 보세요.

접 | 시

주 | 전 | 자

컵

냄 | 비

서로 같은 것을 찾아 연결하세요

흐린 글자를 따라 써 보세요.
그리고 관계있는 것을 찾아 선으로 이어 보세요.

접시   컵   냄비   주전자

낱말을 써 넣어 이야기를 완성하세요

다음 그림은 어떤 장면일까요?
'주전자, 접시'를 넣어 문장을 완성하세요.

◻◻◻ 에 물을 끓여요.

친구들이
◻◻ 를
닦고 있어요.

운동 어떤 운동을 할까요

축구, 배구, 줄넘기, 농구 중 무엇을 좋아하나요?
소리 내어 읽으면서 글자를 따라 써 보세요.

축구

배구

줄넘기

농구

 운동

무엇일까요?

그림을 보고 어떤 운동인지 말해 보세요.
그리고 빈칸의 흐린 글자를 따라 써 보세요.

축구

배구

줄넘기

농구

서로 같은 것을 찾아 연결하세요

흐린 글자를 따라 써 보세요.
그리고 관계있는 것을 찾아 선으로 이어 보세요.

줄넘기   축구   배구   농구

낱말을 써 넣어 이야기를 완성하세요

다음 그림은 어떤 장면일까요?
'축구, 농구'를 넣어 문장을 완성하세요.

친구들이 ☐☐를 해요.

☐☐ 선수가
공을 넣어요.

물놀이 여름이 좋아요

바닷가에서 물놀이를 해요.
소리 내어 읽으면서 글자를 따라 써 보세요.

바다

해

수영

모래

물놀이

무엇일까요?

그림을 보고 무엇인지 말해 보세요.
그리고 빈칸의 흐린 글자를 따라 써 보세요.

수 영

바 다

해

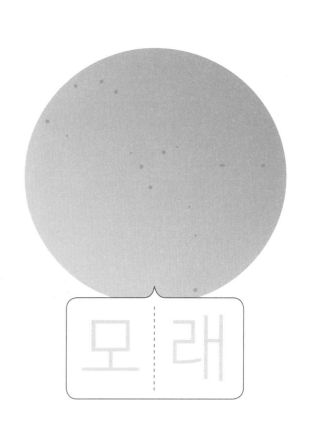

모 래

61

관계있는 것을 찾아 연결하세요

흐린 글자를 따라 써 보세요.
그리고 관계있는 것을 찾아 선으로 이어 보세요.

바다　　모래　　해　　수영

낱말을 써 넣어 이야기를 완성하세요

다음 그림은 어떤 장면일까요?
'해, 수영'을 넣어 문장을 완성하세요.

☐ 가 빙그레 웃고 있어요.

강아지가 ☐☐ 을 해요.

날씨

비가 오네요

하늘에서 주룩주룩 비가 내려요.
소리 내어 읽으면서 글자를 따라 써 보세요.

구름

우산

비

장화

무엇일까요?

날씨

그림을 보고 무엇인지 말해 보세요.
그리고 빈칸의 흐린 글자를 따라 써 보세요.

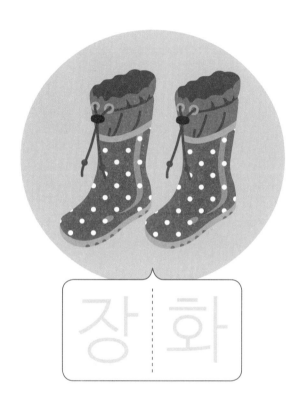

장 화

우 산

비

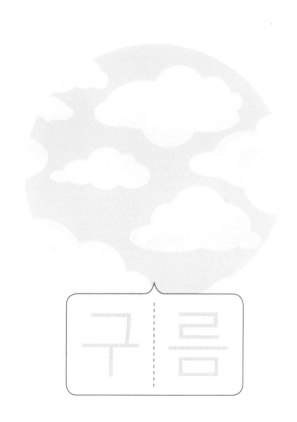

구 름

서로 같은 것을 찾아 연결하세요

날씨

흐린 글자를 따라 써 보세요.
그리고 관계있는 것을 찾아 선으로 이어 보세요.

구름　　우산　　비　　장화

날씨

낱말을 써 넣어 이야기를 완성하세요

다음 그림은 어떤 장면일까요?
'우산, 비'를 넣어 문장을 완성하세요.

곰돌이가
친구에게
☐☐을
씌워 주네요.

오리가 ☐를
맞지않게 우산을
씌워 줘요.

바닷속을 탐험해요

바다 친구들을 만나볼까요?
소리 내어 읽으면서 글자를 따라 써 보세요.

고래

상어

오징어

거북

바다
동물

무엇일까요?

그림을 보고 무엇인지 말해 보세요.
그리고 빈칸의 흐린 글자를 따라 써 보세요.

고 래

거 북

오 징 어

상 어

69

서로 같은 것을 찾아 연결하세요

흐린 글자를 따라 써 보세요.
그리고 관계있는 것을 찾아 선으로 이어 보세요.

오징어 　 고래 　 거북 　 상어

낱말을 써 넣어 이야기를 완성하세요

다음 그림은 어떤 장면일까요?
'거북, 고래'를 넣어 문장을 완성하세요.

토끼와 ☐☐이
경주를 해요.

곰돌이가
☐☐ 등에서
낚시를 해요.